Birgit Bergmann

Bei welchen Alltagsphänomenen spielt die Physik eine Rolle?

Aufgaben und Lösungen

GRIN Verlag

Bibliografische Information der Deutschen Nationalbibliothek:

Die Deutsche Bibliothek verzeichnet diese Publikation in der Deutschen Nationalbibliografie; detaillierte bibliografische Daten sind im Internet über http://dnb.d-nb.de/ abrufbar.

Impressum:

Druck und Bindung: Books on Demand GmbH, Norderstedt Germany
ISBN: 978-3-668-00398-9

Dieses Buch bei GRIN:

http://www.grin.com/de/e-book/301167/bei-welchen-alltagsphaenomenen-spielt-die-physik-eine-rolle

UNIVERSITÄT WIEN

FAKULTÄT FÜR PHYSIK

Portfolio: VO+SE Physik und Alltag - Bei welchen Alltagsphänomenen spielt die Physik eine Rolle?

Erarbeitet von:
Name: Birgit BERGMANN

Abgabedatum: 27.01.2014

Wintersemester 2013
Erstellt mit LaTeX

Inhaltsverzeichnis

1 Mitschrift aus den Einheiten

1.1 Einheit am 07.10.2013

1. Wie viele Herzschläge hat ein Mensch in seinem Leben?
   $1\ Schlag/s = 60\ Schläge/min = 3600\ Schläge/h = 72000\ Schläge/d = 2.6 \cdot 10^7\ Schläge/Jahr = 2 \cdot 10^8\ Schläge/80\ Jahre$

2. Wie viele Schichten Atome verliert ein Autoreifen pro Umdrehung?
   Atomdurchmesser $\approx 10^{-10}m$
   $$\begin{array}{ll} 1 & Schicht & 10^{-10}m \\ x & Schichten & 5 \cdot 10^{-3}m \end{array}$$
   $x = \frac{5 \cdot 10^{-3}}{10^{-10}} = \frac{5 \cdot 10^{10}}{10^3} = 5 \cdot 10^7\ m \approx$ 3 Schichten

1.2 Einheit am 14.10.2013

1. Welcher Prozentsatz der Energiemenge wird in Form von Alkohol aufgenommen? Nehmen Sie den Tagesbedarf mit $10000\ kJ$ an!
   Österreich: $12.2\ l\ Alkohol/Jahr$
   $\frac{12.2 \cdot 10^3\ g}{365} \approx 35g \cdot 30 \approx 1200\ kJ$
   $\frac{1200}{10000} \approx 10\%$ der aufgenommen Energiemenge ist Alkohol

2. Man kann $5\ kg$ in einer Woche abnehmen?
   $1\ kg$ Körperfett: $30000\ kJ$
   Tagesbedarf: $10000\ kJ$
   d.h. in 1 Woche kann man ca. $2\ kg$ abnehmen, also $5\ kg$/Woche unmöglich

3. Rechnen Sie einen Tagesbedarf von $10000\ kJ$ auf Watt um!
   $1\ J = 1Ws$
   $$\frac{10000}{24 \cdot 3600} \approx \frac{100}{800}\ Ws \cdot 10^3 = 10^2\ W$$

1.3 Einheit am 21.10.2013

1. Wie lange dauert es im Liegen, Sitzen und Stehen 1 kg abzunehmen?
   $1\ kg = 1\ W = 1\ J/s$
   1 kg Körperfett hat 30000 kJ

Tätigkeit	Relative Leistung
Liegen	1
Sitzen	1.4
Stehen	2

   $60\ kg = 60\ W = 60\ J/s$
   Liegen: $\frac{300\ W \cdot 10^5}{60} = 50 \cdot 10^5\ s$
   Stehen: $\frac{300 \cdot 10^5}{60 \cdot 2} = 25 \cdot 10^5\ s$
   Sitzen: $\frac{300 \cdot 10^5}{60 \cdot 1.4} = 35 \cdot 10^5\ s$

2. Abnehmzeitdifferenz zwischen Sitzen und Stehen
   Liegen: $100\ kg = 100\ W = 100\ J/s$
   Sitzen: $140\ W$
   Stehen: $200\ W$

   Differenz Sitzen-Stehen: $60\ W = 60\ J/s$

   $$\frac{30000000}{60\ J/s} = 500000\ s > 5\ d > 130\ h$$

3. Wie viel nimmt man in einem Jahr zu oder ab, wenn man den Tagesbedarf um bloß 1% verfehlt?
   $10000\ kJ/Tag$
   1% sind 100 kJ zu viel
   $365 \cdot 100\ kJ = 36500\ kJ/Jahr = 3.65 \cdot 10^7\ J/Jahr = 1.157\ W = 1.2\ kg$ Zunahme

4. Schätzen Sie die Leistung beim Gehen ab! Nehmen Sie die Schrittlänge von 70 cm an und den Wirkungsgrad mit 25%.
   $\Delta h = 3\ cm,\ l = 70\ cm,\ \eta = 2.5\%,\ t \ldots$ Zeit für 1 Schritt
   $P = \frac{60 \cdot 10 \cdot 0.03}{0.7 m/s} = 25\ J/s$
   $25\%\ P \approx 6\ J/s$

5. Wie lange und wie weit muss man laufen, um 1 kg Körperfett abzunehmen?
   Regel: $\frac{1\ kcal}{km \cdot kg}$
   $1\ kcal = 4.2\ kJ$
   $30000\ kJ = 7142\ kcal$
   $1\ kcal = m \cdot s \Rightarrow \frac{7142\ kcal}{60\ kg} = s = 120\ km \approx 10\ h$

1.4 Einheit am 28.10.2013

1. Ist es möglich, dass man die Erde verschiebt, wenn eine Milliarde Menschen gleichzeitig springen?
   Masse der Erde: $6 \cdot 10^{24}\ kg$
   Durchschnittliche Masse der Menschen: $60\ kg$
   $10^9 \cdot 6 \cdot 10 = 6 \cdot 10^{10}\ kg$
   Verschiebung der Erde: $\frac{6 \cdot 10^{10}}{6 \cdot 10^{24}} = 10^{-14} \approx Atomdurchmesser$

1.5 Einheit am 04.11.2013

Bearbeitung der Aufgaben "Sprache und Gehör".
Stimme und Stimmbänder

A1 ***Was macht den wesentlichen Unterschied zwischen Sprechen und Singen aus? Warum kann ein einziger Sänger ein ganzes Orchester übertönen? Um wieviel Dezibel übertönt er das Orchester?***
Beim Singen treten gewisse Frequenzen und zwar die Gesangsformanten verstärkt auf. Der Sänger kann das Orchester im Bereich des Gesangsformanten zwischen 2000 und 3000 Hz um ca. 10 dB übertönen.

A2 ***Was passiert beim Flüstern mit den Stimmbändern? Was passiert bei Heiserkeit? Welchen Einfluss hat diese auf die Erzeugung hoher Frequenzen? Welche Vokale werden bei Heiserkeit als erste bei der Aussprache beeinflusst?***
Beim Flüstern schwingen die Stimmbänder nicht. Bei Heiserkeit wird die Stimme tiefer, weil Vokale mit hohen Frequenzen wegfallen. Als erstes verschwindet das "i".

A3 ***Wie kommt die Klangfarbe (Timbre) einer Stimme zustande? Wie verändert sich das Timbre, wenn man einen gesprochenen Text rückwärts abspielt? Verändert es sich wenn man die Abspielgeschwindigkeit um*** 10% ***erhöht?***
Die Klangfarbe entsteht durch Grund- und Oberschwingungen. Beim Text rückwärts abspielen wird das Timbre nicht verändert, aber beim Verringern der Abspielgeschwindigkeit.

A4 ***Warum klingt die Stimme höher, wenn Helium eingeatmet wird?***
Die Stimme wird höher, weil die Schallgeschwindigkeit von Helium ($c = 1030\ m/s$) 3 mal höher ist als die Schallgeschwindigkeit von Luft.

A5 ***Warum klingt die Stimme seltsam wenn man sie auf einer Aufnahme anhört? Klingt sie höher oder tiefer?***
Die Stimme klingt seltsam, weil sie 1. höher ist und 2. der Schall durch den Schädel beeinflusst wird.

A6 ***Was passiert beim Jodeln? Ist es möglich, dass eine Person so singt, dass man den Eindruck von zwei gleichzeitigen Tönen hat?***
Beim Jodeln gibt es große Intervallsprünge und einen weiten Tonumfang. Den Eindruck von zwei gleichzeitigen Tönen entsteht durch schnelles Umschlagen zwischen Brust- und Kopfstimme.

A7 ***Wie erzeugt man eigentlich Konsonanten?***
Konsonanten entstehen durch Verengungen des Stimmtraktes.

A8 ***Warum lassen sich Zischlaute wie s und f beim Handy oder Funk nicht so leicht unterscheiden?***
Die Konsonanten s und f haben ähnliche Frequenzen.

Schallausbreitung und Schallwahrnehmung

A9 ***Reihe die 3 Geschwindigkeiten (Schallgeschwindigkeit, Geschwindigkeit durch thermische Bewegung und Schallschnelle) von der niedrigsten zur höchsten!***
Schallgeschwindikeit ($c = 320\ m/s$) < Schallschnelle < Geschwindikeit durch thermische Bewegung

A10 ***Was versteht man unter einer Oktave? Wie viele Oktaven hört der Mensch? Wie viele Oktaven kann man sehen?***
Eine Oktave hat die doppelte Frequenz als der Grundton. Ein Mensch kann, wenn er jung ist, ca. 10 Oktaven ($20 - 20000\ Hz$) hören. Man kann 1 Oktave sehen, beim Licht und zwar rot, g"run und blau.

A11 ***Können Pistolen mit Schalldämpfern ein leises Plopp machen? Wodurch wird der typische Pistolenknall verursacht?***
Nein, das geht nicht. Die Schalldämpfer sind zum Schutz des Schützen vor dem Gehörsturzes da. Der typische Pistolenknall entsteht durch die Explosion der Munition.

A12 ***Die Töne der Grille können eine Masse von 1 Milliarde kg in Schwingung versetzen. Wie geht das? Wie viel Leistung muss eine Grill aufbringen, damit man sie in 800 m Entfernung noch hören kann?***
Durch die Anregungsfrequenzen schafft es die Grille so viel Masse in Schwingung zu versetzen. Um sie in 800 m Entfernung noch zu hören, muss die Grille bei 400 Hz eine Leistung von $10^{-12}\ W$ erbringen.

A13 ***Warum ist die Reichweite des Schalls an kühlen Tagen größer als an warmen?***
Die Schallgeschwindigkeit hängt von der Temperatur ab und zwar $c = 20\sqrt{T}$, d.h. mit zunehmender Temperatur wird die Schallgeschwindigkeit geringer.

A14 ***Warum klingt eine gezupfte Saite viel härter als eine gestrichene?***
Bei der gezupften Saite entspricht einer Rechtecksschwingung und dadurch gibt es mehr Obertöne. Hingegen gibt es bei der gestrichenen Saite weniger Obertöne, weil es eine bessere Bewegungübertragung im Hinblick auf die Schwingung gibt.

A15 ***Warum klingen offene und geschlossene Orgelpfeifen ziemlich unterschiedlich auch wenn die genau dieselbe Tonhöhe erzeugen?***
Geschlossene Orgelpfeifen werden gedämpft und so wird die Frequenz und auch der Ton höher obwohl derselbe Ton gespielt wird.

A16 ***Warum kann man jemanden im Nebenraum sprechen hören, auch wenn man ihn nicht sieht? Warum kann man sich selbst sprechen hören? Warum kann man Geräusche auch mit abgewandtem Ohr hören? Welche Eigenschaft von Schallwellen ist dafür verantwortlich?***
Die Beugung ist dafür ausschlaggebend!

A17 ***Kann es sein, dass eine Maus so brüllen kann wie ein Löwe?***
Nein, kann nicht sein, weil die Maus einen zu kleinen Resonanzkörper besitzt.

A18 ***Nimmt man Klänge gleich wahr auch wenn die Schwingungen unterschiedlich aussehen und die beteiligten Töne dieselbe Frequenz haben?***
Nein, die 2 Klänge werden unterschiedlich wahrgenommen.

A19 ***Warum kann man in einer Flüstergalarie in so großer Entfernung noch das leise Flüstern des Gegenübers hören?***
Die Schallwellen werden an der Wand zigmal reflektiert und laufen so ganz knapp an dieser um die Kuppel herum. Wenn sich der Zuhörer in diesem Bereich befindet, kann er das Flüstern hören.

A20 ***Was ist der Grund, dass man in der Lage ist die Richtung eines Geräusches zu lokalisieren?***
Schallrichtung, Ohr

A21 ***Um wie viel Mal lauter hört man eine Person, wenn sie nicht flüstert, sondern schreit? Warum ist es für uns von Vorteil, dass die Kurve (Zusammenhang Schallintensität und Schalldruckpegel) so verläuft?***
Beim Schreien hört man die Person 4 mal so laut, aber die Schallintensität ändert sich kaum. Der Kurvenverlauf ist von Vorteil, weil die Schallintensität auch bei hohem Schalldruckpegel nur langsam zunimmt.

A22 ***a) Überprüfe die Formel*** $L = 10 \cdot \log\left(\frac{I}{I_0}\right)$ ***bei 60 und 100*** dB.

$$60 = 10 \cdot \log\left(\frac{I}{10^{-12}}\right) \Leftrightarrow I = e^6 \cdot 10^{-12} W/m^2$$

$$100 = 10 \cdot \log\left(\frac{I}{10^{-12}}\right) \Leftrightarrow I = e^{10} \cdot 10^{-12} W/m^2$$

b) Leite eine Formel für $\triangle L$ ***ab.***

$$L_1 = 10 \log\left(\frac{I_1}{I_0}\right),\ L_2 = 10 \log\left(\frac{I_2}{I_0}\right)$$

$$\triangle L = L_2 - L_1 = 10 \log\left(\frac{I_1}{I_0}\right) - 10 \log\left(\frac{I_2}{I_0}\right) = 10\left(\log\left(\frac{I_1}{I_0}\right) - \log\left(\frac{I_1}{I_0}\right)\right) =$$

$$= 10(\log(I_2) - \log(I_0) - \log(I_1) + \log(I_0)) = 10(\log(I_2) - \log(I_1)) = 10 \log\left(\frac{I_2}{I_1}\right)$$

c) Zeige mit der Formel aus b), dass die Verdopplung der Schallintensität immer eine Erhöhung um 3 dB ***bedeutet.***

$$\triangle L = 10 \log\left(\frac{2I}{I}\right) = 10 \log(2) = 3\ dB$$

d) Wie viele Orchester sind notwendig, damit diese lautstärkenmäßig mit einem Sänger im Bereich der Gesangsformanten gleichziehen zu können?
$L_1 = -5\ dB,\ L_2 = -19\ dB \Rightarrow \triangle L = 14\ dB$, d.h. es wären 25 Orchester notwendig

1.6 Einheit am 11.11.2013

1. ***Warum sind Knochen so aufgebaut, dass sie an den Enden breiter werden?***

   $\Rightarrow$ Dient der Druckverteilung

2. ***Harry Potter: Auf wie viele*** m^3 ***muss die Tante aufgeblasen werden, damit sie davonfliegt?***

   Gegeben: $m = 100\ kg$, $\rho_{Luft} = 1\ kg/m^3$, $V = \frac{1}{10}\ m^3$

   Auftrieb $= V \cdot 1000 = 100\ m^3 \Rightarrow$ Beim Auftrieb müssen $100\ m^3$ verdrängen werden.

3. ***Stabhochspringer***

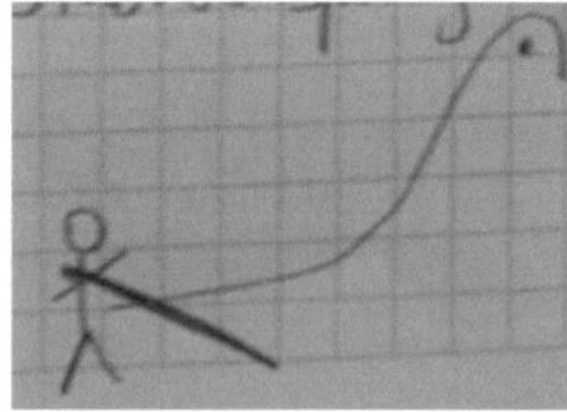

Abbildung 1: Weg, den ein Stabhochspringer zurücklegt.

Es gilt die **Energieerhaltung:**

Start	**Ende**
$E_{pot} = 0$	$E_{kin} = 0$
$E_{kin} = max$	$E_{pot} = max$

$v = 10\ m/s,\ s = 100\ m$

Wir setzten Folgendes gleich:

$E_{pot} = mgh$

$E_{kin} = \frac{mv^2}{2}$

$\Rightarrow mgh = \frac{mv^2}{2} \Rightarrow h = \frac{v^2}{2g} = \frac{100}{2 \cdot 10} \approx 5\ m$

4. ***Wie lange dauert es, wenn man in den Erdkern fällt (Reibung vernachlässigt)?***

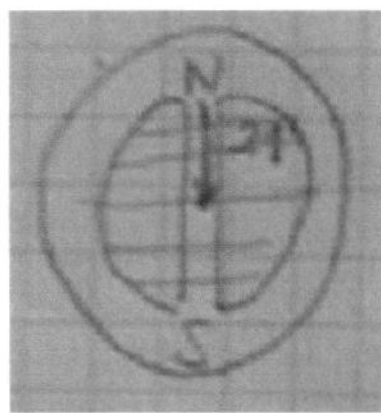

Abbildung 2: Veranschaulichung

$84'$ benötigt ein Satellit für 1 Erdumkreisung.
$42'$ benötigt ein Satellit für $\frac{1}{2}$ Erdumkreisung.
$21'$ benötigt ein Satellit für $\frac{1}{4}$ Erdumkreisung.

Das heißt, man benötigt $21'$ bis zum Erdkern und fällt mit $7.9\ km/s$ hinein.

1.7 Einheit am 18.11.2013

Bearbeitung der Aufgaben "Sport und Physik"

A1 ***Aus welchen Teilhöhen setzt sich die Hochsprunghöhe zusammen?***
Diese setzt sich auch der Höhe des KSP und der KSP-Hebung zusammen.

A2 ***Schätze die Leistung beim Weltrekord im Hochsprung ab.***
$m = 80\ kg,\ P = \frac{mgh}{t} = \frac{80 \cdot 10 \cdot 1.2}{0.13} \approx 8000\ W$

A3 ***Schätze die Kraft, die auf die Achillessehne beim Gehen wirkt, ab.***
Das Hebelgesetz besagt, dass bei einem Winkel von $90°$ das 2.5-fache Körpergewicht wirkt.

A3 ***Schätze die Kraft, die auf die Achillessehne beim Weltrekord im Hochsprung wirkt, ab.***
Auf beide Achillessehnen wirken $2000\ N$. Bei $75\ kg$ wirken $14000\ N$ auf eine Achillessehne.

A4 ***Auf welche Art und Weise kann ein Sportler seine Stabilität erhöhen?***
Durch Senkung des KSP

A5 ***Man fährt mit dem Rad eine Stunde lang einen Berg hinauf (von A nach B). Der Schnitt beträgt*** $10\ km/h$. ***Wie schnell muss man von B nach A zurückfahren, damit der Gesamtschnitt*** $20\ km/h$ ***beträgt?***

A6 ***Warum können Sprinter die*** $200\ m$ ***mit einer höheren Geschwindigkiet laufen als die*** $100\ m$***?***
Die durchschnittliche Geschwindigkeit ist beim 200 m-Lauf höher.

A7 ***Schätze ab, wie schnell ein Tennisball ohne Rotation waagrecht über ein Netz fliegen kann, damit er nicht in Out geht.***
$\frac{1}{2}gt^2 = 0.914 \Rightarrow t = 0.427$
$vt \leq 11.9 \Leftrightarrow v \leq 27.87\ m/s$

A8 ***Warum springen die Weltklassehochspringer nur mit*** $20°$ ***ab?***
KSP, Muskeln, Anlauf

A9 ***Schätze mit Hilfe der Haftreibung ab, in welcher Zeit ein Auto minimal von 0 auf*** $100\ km/h$ ***beschleunigen kann.***
in $2.6\ s$

A10 ***Nimm an, Fahrer und F1-Auto haben gemeinsam*** $25\ kg$ ***mehr als ein anderes. Wie sehr sinkt die Beschleunigung dadurch ab?***
$F = m \cdot a \Rightarrow a = \frac{F}{m}$, $F = (m + 25) \cdot a \Rightarrow a = \frac{F}{m+25}$
$\Rightarrow \frac{F}{m} = \frac{F}{m+25}$

A11 ***Was passiert physikalisch gesehen bei einer Sehnenzerrung?***
Die Sehne wird überdehnt und kann nicht mehr in den Grundzustand zurückkehren

A12 ***Schätze das Bummeltempo mit Hilfe der Schwingungsgleichung eines Pendels ab.***
$3.6\ km/h$

A13 ***Wie groß ist die Leistung eines Sprinters beim einem*** $100\ m$***-Lauf?***
$P = \frac{W}{t} = \frac{F \cdot s}{t} = \frac{m \cdot a \cdot s}{t}$

A14 ***Schätze die maximale Sprunghöhre beim Stabhochsprung ab.***
$KSP + h_{KSP} = h_{max}$
$E_{pot} = E_{kin}$
$mgh = \frac{mv^2}{2} \Rightarrow h = \frac{v^2}{2g} = \frac{100}{2 \cdot 10} = 5\ m$
$KSP + h = 5 + 1.20 = 6.2\ m$

A15 ***Ein Skifahrer gleitet aus dem Stand einen Hügel hinunter und hat unten*** $8\ m/s$***. Beim zweiten Mal startet er oben mit*** $6\ m/s$***. Wie schnell ist er dann unten?***

A16 ***Wie kommt es zur sogenannten Caisson-Krankheit beim Tauchen? Warum betrifft diese vor allem Flaschentaucher und weniger Apnoe-Taucher?***
Stickstoff bleibt im Blut

1.8 Einheit am 25.11.2013

Entfallen!

1.9 Einheit am 02.12.2013

Besprechung der Aufgaben "Sport und Physik" $\rightarrow$ siehe Einheit vom 18.11.2013

1.10 Einheit am 09.12.2013

Entfallen!

1.11 Einheit am 16.12.2013 - "Weihnachtsstunde"

Zu Beginn wurden Gefahren der Mikrowelle besprochen.
Gemüse kochen vs. Gemüse in Mikrowelle zubereiten $\Rightarrow$ beim Kochen gehen mehr Vitamine aufgrund der hohen Temperatur verloren, hingegen bei der Zubereitung in der Mikrowelle bleiben mehr Vitamine erhalten.

Warum bekommt ein SMS an, wenn sich das Handy in der nicht eingeschalteten Mikrowelle befindet? - Das Signal des Handys kommt in die Mikrowelle hinein und wieder hinaus durch das Frontfenster mit den Löchern.

Es wurden verschiedene Clips mit Bezug zur Physik gezeigt.

1. ***Video: Amazing Anamorphic Illusions***
   Vorkommen von Anamorphose:

   - u.a. im Straßenverkehr, bei der Bodenmarkierung "Achtung, Radfahrer!". Schaut man auf das Bild von oben, so wirkt es langgezogen, d.h. Blickwinkel ist entscheidend, ob es Verzerrungen gibt oder nicht
   - Formel 1
   - Fußball
   - Barocke Deckenmalerei

   Im Clip geht es um den 2D-3D Unterschied, denn das Auge macht sich aus dem zweidimensionalen ein dreidimensionales Bild.

2. ***Video: Amazing Billiards in Super Slow Motion***

   Der Rand des Billardtisches ist so konstruiert, dass die Kugel keine zusätzliche Rotation bekommt. Es gibt keinen idealen inelastischen Stoß, weil Wärmeverluste auftreten.

3. ***Video: The Big Bang Theory - Lois Lane und Superman***

   In dem Clip gibt es einen Fehler bei der Übersetzung: *Anfangsgeschwindigkeit* $= 9\ \frac{m}{s}$ anstatt *Anfangsbeschleunigung* $= 9.8\ \frac{m}{s}$. Desweiteren wurde schlecht gerundet.

   $$a = \frac{v^2}{2s}$$

   Mit dieser Formel kann man sich die Beschleunigung, die auf einen wirkt, bei gegebener Geschwindigkeit und "Knautschzone" berechnen.

Beispiel: Fahre ich mit einem Auto unangeschnallt mit 50 $\frac{km}{h}$ und knalle gegen eine Wand, so entspricht das einem Fall aus ca. 10 m Höhe. $\Rightarrow$ **Im Straßenverkehr anschnallen!**

4. ***Video: The Big Bang Theory - Lichtjahre***

   Zeitmessung $\neq$ Lichtjahre $=$ Entfernungsmessung

5. ***Video: The Big Bang Theory - Placebo-Effekt***

   Bekanntes Buch: "Gesund ohne Pillen"
   In diesem Clip wurde alkoholfreies Bier für "normales" Bier (mit Alkohl) gehalten.

6. ***Video: Crazy Nuts Illusions***
   Es geht um eine optische Täuschung, bei der ein Bleistift scheinbar durch 2 Metallmuttern passt

7. ***Video: Fantastic Four***

   - Veränderung der Masse
   - "Supernova" Milliarden Grad (nicht 4000°)
   - Oberfläche der Sonne
   - Erdatmosphäre
   - Titanium-Käfig
   - Gefrieren des Meeres $\rightarrow$ zu kurze Zeit

8. ***Video: How to wash your hair in space***

   Keine Schwerkraft = mehr Blut im Kopf

9. ***Video: Matrix***

   Nudelförmige Tropfen

10. ***Video: Men in Black***

    Multiversen, aber nur eine Galaxis.

11. ***Video: Meteoritenschauer***
    In Russland, Februar 2013

12. ***Video: Fettbrand***
    Ein Fettbrand wurde mit Wasser gelöscht.

13. ***Video: Robin Hood – Das Fernrohr***

1.12 Einheit am 13.01.2014

Bearbeitung der Aufgaben zu "Physik und Alltagstechnik"

1. Handy

   - ***Wie ist es möglich, dass gleichzeitig viele tausende Menschen miteinander per Handy sprechen, ohne dass die Gespräche einander stören und überlagern? Wie könnte das technisch funktionieren?***
     Bei Handy wird das Codemultiplexverfahren verwendet. Jedes Handy hat seinen Code auf einer Frequenz ohne das Gespräch zu zerhacken. Gespräche werden nicht überlagert, weil verschiedene Frequenzen im Spiel sind.

- ***Eine größere Anzahl an Sendemasten bedeutet eine höhere Strahlenbelastung für uns Menschen. Richtig oder falsch? Kann man das begründen?***
Stimmt nicht, denn eine größere Anzahl an Sendemasten führt zu einem geringeren Strahlenbelastung, weil die Signalstärke gesenkt wird. Im Gegensatz zum Handy selbst, ist die Strahlenbelastung durch die Sendemasten weit aus geringer.
- ***Was versteht man unter einem Spreizcode?***
Der Spreizcode besteht aus einer Folge von Chips zur Übertragung von Nachrichten
- ***Wie entsteht Elektrosmog? Welche Geräte verursachen ihn? Und was könnte er mir dem menschlichen Körper machen?***
Unter Elektrosmog verstehen wir technisch erzeugte Wechselfelder. Diese Wechselfelder treten auf als elektrische und magnetische Felder und als elektromagnetische Wellen (Radiofunk, Fernsehfunk, Mobilfunk). Sie schwingen in einem gleichbleibenden Rhythmus, der als Frequenz bezeichnet und in Hertz (Hz) angegeben wird. Diese Schwingungen stören die natürlichen Schwingungen bzw. die biochemische Elektrizität und Signalübertragung in unserem Organismus. Dadurch kann uns Elektrosmog auf Dauer krank machen.
Geräte, de Elektrosmog verursachen sind unter anderem das Induktionskochfeld, der Rundfunk, das WLAN, Leuchtstofflampen,...
Die Auswirkung auf den Menschen kann durchaus unterschiedlich sein, aber auf Dauer ist Elektrosmog schlecht für den Organismus.
- ***Welche Geräte arbeiten zur Informationsübertragung mit EM-Wellen? Wie funktioniert ein Mikrowellenherd? Welcher Zusammenhang besteht zum Handy?***
Geräte, die EM-Wellen nutzen sind das Radio, der Fernsehfunk und der Mobilfunk.
Die Wirkung eines Mikrowellenherdes beruht auf der Umwandlung elektromagnetsicher Feldenergie in Wärmeenergie bei der Absorption von Mikrowellen.
Zusammenhang mit dem Handy: Mikrowellen gaben nur eine gewisse Frequenz, die höher ist das die Frequenzen beim Handy. Mikrowellen dringen viel tiefer in den Körper ein und können Muskel, Fett und Knochen durchdringen, während Handywellen nicht ganz so tief in den Körper eindringen. Handywellen wirken auf 2 verschiedenen Frequenzbereichen.
- ***Welche Arten der Modulation gibt es? Welche Arten der digitalen Modulation gibt es? Was versteht man unter der Bandbreite und wie kann man diese begründen?***
Die Modulation bezeichnet in der Nachrichtentechnik einen Vorgang bei dem ein zu übertragendes Nutzsignal einen Träger verändert. Es gibt 3 Arten von Modulationen und zwar die analoge Modulation, die Amplitudenmodulation und die Frequenzmodulation. Zur digitalen Modulation zählen die Amplitudenmodulation, die Frequenzmodulation und die Phasenmodulation.
Die Bandbreite ist eine Kenngröße in der Signalverarbeitung. Sie legt die Breite des Intervalls in einem Frequenzspektrum fest, in dem die dominanten Frequenzintervalle eines zu übertragenden oder zu speichernden Signals liegen. D.h. ein Radiosender benötigt fürs Signal eine gewisse Bandbreite, sonst kann man den Sender nur bei einer einzigen Frequenz hören.

2. CD und DVD

- ***Warum schillert eine CD im weißen Licht farbig? Suchen Sie nach einer möglichst einfachen Erklärung. Wie funktioniert das Beschreiben und Auslesen einer CD und DVD? Wie putzt man CDs richtig und warum? Was versteht man unter einem Prüfbit? Warum können CDs, auch wenn sie nicht zerkratzt sind, mit der Zeit kaputt werden?***
Die CD schillert, weil ihre Oberfläche eine Metallschicht hat, die durch Schutzlack und Druckfarben überzogen ist. Das Beschreiben erfolgt dadurch, dass per Laser kleine Vertiefungen in die Farbschicht des Mediums geätzt werden. Als Laser kommt dabei ein Infrarot-Laser zum Einsatz, der eine Wellenlänge von 780 Nanometer aufweist. Diese Vertiefungen sind sehr klein und werden als Pits bezeichnet. Aufgrund der Hitzeentwicklung des Lasers wird die Lichtdurchlässigkeit der Farbschicht beim Brennen verändert, was zu Folge hat, dass die Lichtbrechung im Bereich der Pits geringer ist als außerhalb. Beim Lesevorgang

wird die CD erfolgt mittels einer Laserdiode abgetastet, wobei die CD von unten gelesen wird. Der Laserstrahl wird an der CD reflektiert und mit einem halbdurchlässigen Spiegel in eine Anordnung mehrerer Fotodioden gebündelt. Der Spiegel muss deswegen halbdurchlässig sein, weil der Laserstrahl auf seinem Weg zur CD dort hindurch muss. Die Fotodioden registrieren Schwankungen in der Helligkeit. Die Helligkeitsschwankungen entstehen teilweise aufgrund von destruktiver Interferenz des Laserstrahls mit sich selbst.
Ein Prüfbit oder Paritätsbit gibt die Anzahl der mit 1 belegten Bits im Informationswort an. Mit diesem kann man erkennen, ob das Informationswort fehlerhaft übertragen wurde oder nicht.
Eine CD oder DVD soll niemals in Leserichtung geputzt werden, sondern kreisförmig! Sonst könnte dies zur Folge haben, dass Mikrokratzer die Lesespur derart zerstören, dass die Disc nicht mehr einwandfrei gelesen werden kann. Deshalb empfiehlt es sich die CD stets von innen nach außen und ohne viel Druck die CD zu putzen.

- ***Schätzen Sie ab: Eine normale CD wird mit 50-facher Geschwindigkeit gebrannt. Wie viele Löcher muss der Laser dazu pro Sekunde machen?***
  Betrachte eine CD: Die Pits erstrecken sich über eine Länge von $6\ km = 6 \cdot 10^6\ m$.
  Ein Pit hat eine Länge von $\approx 2\ \mu m = 2 \cdot 10^6\ m$.
  Eine CD hat daher $\frac{6 \cdot 10^6}{2 \cdot 10^{-6}} = 3 \cdot 10^{12}$ Pits.
  Eine 52-fache Lesegeschwindigkeit entspricht einer *Datenrate* von $7800\ kB/s \approx 8 \cdot 10^6\ B/s$.

3. Energie aus der Sonne

- ***Was versteht man unter dem Fotoeffekt? Welche Bedeutung könnte er im Zusammenhang mit Solarenergie haben?***
  Beim Fotoeffekt wird ein Elektron aus der Bindung gelßt indem es ein Photon absorbiert. Es handelt sich daher um die Wechselwirkung von photonen mit Materie.
  Zusammenhang mit Solarenergie
- ***Was versteht man unter der Solarkonstante? Warum ist diese Bezeichnung irreführend? Schätzen SIe diese möglichst einfach ab. Was müssen Sie dazu wissen? Wie viel bleibt von dieser Leistung am Erdboden übrig?***
  Die Solarkonstante ist eine langjährig gemittelte extrasterrestrische Intensität der Sonnenstrahlung, die bei mittlerem Abstand Erde-Sonne ohne den Einfluss der Atmosphäre senkrecht auf die Oberfläche trifft. Die Solarkonstante hat an der Oberfläche einen Wert von $E_0 = 1367\ W/m^2$, hingegen auf dem Erdboden nur einen Wert von $E_0 = 740\ W/m^2$, das entspricht einem Leistungsverlust von ca. 46%. Die Solarkonstante ist keine Naturkonstante.

  Solarkonstante E_0 = Strahlungsleistung, die pro m^2 auf die Erde einfällt. **Paradox:** Ist *keine Naturkonstante!*

  Wichtige Größen:
  Sonnenradius: $7 \cdot 10^8\ m$
  Erdradius: $6.5 \cdot 10^6\ m$
  Abstand Erde-Sonne: $d_{Erde-Sonne} = 150 \cdot 10^9\ m$
  Temperatur an der Sonnenoberfläche: $5400\ K$
  Boltzmann-Konstante: $\sigma \approx 6 \cdot 10^{-8}\ \frac{W}{m^2K^4}$
  Oberfläche der Sonne: $A_{Sonne} = 4 \cdot \pi \cdot r^2 = 4 \cdot \pi \cdot 7^2 \cdot 10^16 \approx 6 \cdot 10^{18}$
  Es gilt das **Stefan-Boltzmann-Gesetz** (Bestimmen der Strahlungsleistung der Sonne):

  $$P = \sigma \cdot A_{Sonne} \cdot T^4 = 6 \cdot 10^{-8} \cdot 6 \cdot 10^{18} \cdot 6^4 \cdot 10^{12} = 6^6 \cdot 10^{22} \approx 5 \cdot 10^{26}\ W$$

  Nun benutzen wir die Formel für die **Leuchtkraft** *(= Energie, die pro Zeiteinheit abgestrahlt wird, bzw. die über alle Bereiche des elektromagnetischen Spektrums summierte Strahlungsleistung)*:

  $$L = 4 \cdot \pi \cdot d^2_{Erde-Sonne} \cdot S$$

$L = 5 \cdot 10^{26}\ Watt$
S ... Solarkonstante

$$\Rightarrow S = \frac{L}{4\pi \cdot r^2_{Erde-Sonne}} = \frac{5 \cdot 10^{26}}{4 \cdot \pi \cdot 150^2 \cdot 10^{18}} \approx 1700\ \frac{W}{m^2}$$

- ***Schätzen Sie ab, wie groß eine Photovoltaikanlage sein müsste, damit man die gesamte Erde mit Energie versorgen kann!***
Die Menschheit braucht im Jahr $\approx 5 \cdot 10^{20}$ Joule Energie.
Wir müssen diese Energie (Joule) in *Leistung (Watt)* umrechnen:

$$P = \frac{5 \cdot 10^{20}\ \text{Joule}}{365 \cdot 24 \cdot 60 \cdot 60\ \text{Sekunden}} \approx 2 \cdot 10^{13}\ \text{Watt}$$

Wir nehmen an, dass $1\ m^2$ einer Solarzelle eine Leistung von 70 Watt pro Jahr bringt. Daraus ergibt sich für die **Gesamtfläche der Solarzellen**, die erforderliche wäre, um den Energiebedarf in einem Jahr auf der Welt bereitzustellen:

$$\frac{2 \cdot 10^{13}}{70} \approx 3 \cdot 10^{11}\ m^2 = 3 \cdot 10^5\ km^2$$

Das entspricht ungefähr der Größe von **Polen**!

- ***Schätzen Sie ab, wie lange die Sonne scheinen muss, damit die auf die Erde gestrahlte Energie (theoretisch) dem Jahresbedarf der gesamten Menschheit entspricht?***
Wie in der vorigen Aufgabe liegt der Energiebedarf der Weltbevölkerung bei $\approx 5 \cdot 10^{20}$ Joule, was einer Leistung von $2 \cdot 10^{13}$ Watt entspricht.
Die Sonne liefert eine *Energiemenge* von $1.5 \cdot 10^{18}\ kWh = 1.5 \cdot 10^{21}\ Wh$ pro Jahr.
Umrechnung: $\frac{1.5 \cdot 10^{21}}{24 \cdot 365} \approx 1.5 \cdot 10^{17}$ Watt pro Jahr
Die Sonne müsste also so lange scheinen, um die Welt ein ganzes Jahr mit Energie zu versorgen:

$$\frac{2 \cdot 10^{13}}{1.5 \cdot 10^{17}} \cdot 365 \cdot 24 \approx 1\ h$$

- ***Was versteht man unter Biomasse? Warum ist das Verbrennen von Biomasse ökologischer als das Verbrennen von fossilen Stoffen? Es wird doch in beiden Fällen CO_2 freigesetzt! Die Energie aus Biomasse ist eine direkte Form der Sonnenenergie! Warum?***
Biomasse sind Stoffgemische, die in Lebewesen gebunden und/oder von ihnen erzeugt werden. Bei der Verbrennung von Biomasse wird nicht so viel CO_2 frei, als beim Verbrennen von fossilen Brennstoffen. Die Energie aus Biomasse ist eine indirekte Form der Sonnenenergie, weil Pflanzen ihre Energie aus Photosynthese bekommen.

- ***Was versteht man unter dem Treibhauseffekt? Wie entsteht er? Was ist der Unterschied zwischen dem natürlichen und dem anthropogenen Treibhauseffekt? Wie warm bzw. kalt wäre es auf der Erde, gäbe es den Treibhauseffekt nicht?***
Der Treibhauseffekt bezeichnet die Wirkung von Treibhausgasen in der Atmosphäre auf die Temperatur am Boden. Der Effekt entsteht dadurch, dass die Atmosphäre weitgehend transparent für die von der Sonne ankommende kurzwellige Strahlung ist, jedoch wenig transparent für langwellige Infrarotstrahlung, die von der warmen Erdoberfläche und der erwärmten Luft emittiert.
Natürlicher Treibhauseffekt: In der Erdatmosphäre bewirken Treibhausgase wie Wasserdampf, Kohlenstoffdioxid, Methan und Ozon seit Bestehen der Erde einen Treibhauseffekt, der entscheidenden Einfluss auf die Klimageschichte der Vergangenheit und das heutige Klima hat.
Anthropogener Treibhauseffekt: Im Gegensatz zu der auf geologischen Zeitskalen ablaufenden natürlichen Klimaveränderung läuft der anthropogene Klimawandel, der in erster Linie durch eine Erhöhung der Konzentration von Kohlendioxid verursacht wird, in extrem kurzer Zeit ab. Die globale Erwärmung von der letzten Eiszeit zur heutigen Warmzeit war eine Erwärmung um etwa ein Grad pro 1000 Jahre.
Ohne Treibhauseffekt hätte es auf der Erde $-18°$!

4. MP3
   Alles spricht von MP3. Aber was ist das eigentlich? Und was ist der Vorteil des MP3-Formats gegenüber dem normalen Format auf einer CD?
   MP3 ist ein Verfahren zur verlustbehafteten Kompression digital gespeicherter Audiodaten. MP3 ist das dominierte Verfahren zur Speicherung und Übertragung von Musik auf Computern, um Internet und auf tragbaren Musikabspielgeräten. Audio-Rohmaterial benötigt viel Speicherplatz (1 Minute Stereo in CD-Qualität etwa 10 MB) und zum Transfer hohe Datenübertragungsraten und/oder viel Zeit. Die verlustlose Kompression reduziert die zu übertragenden Datenmengen nicht so stark wie verlustbehaftete Verfahren, die für die meisten Fälle noch annehmbare Qualität liefern. So erlangte das MP3-Format für Audio-Daten schnell den Status, den die JPEG-Komprimierung für Bilddaten hat.
   Die Daten können bis auf $\frac{1}{12}$ komprimiert werden, wobei da die Klangqualität nicht mehr gut ist. Bei einer Komprimierung von $\frac{1}{3}$ merkt das Ohr keinen Unterschied zum Original.

5. Laserdrucker
   Wie funktionieren diese? Schätzen Sie ab, wie viel Pixel ein Laserdrucker pro Sekunde druckt, wenn er bei einer Auflösung von 1200 dpi 45 Seiten pro Minute schafft?
   Funktionsweise des Laserdruckers: Dem Laserdrucker liegt das Prinzip der Elektrofotografie (Xerox-Verfahren) zugrunde. Herzstück ist eine mit einem Photoleiter beschichtete Bildtrommel oder Endlosband.
   Gegeben sind $1200\ dpi$, $inch = 25.4\ cm$
   $\Rightarrow 25.4\ mm : \ 1200 = 0.02\ mm = 2 \cdot 10^{-2}\ mm$
   $\Rightarrow$ Wir nehmen an unsere Punkte sind "quadratisch" mit Seitenlängen $0.02\ mm$. Daraus ergibt sich der *Flächeninhalt eines Punktes* mit: $A = 0.02 \cdot 0.02 = 4 \cdot 10^{-4}\ mm^2$
   Ein *Blatt Papier* hat eine *Seite* von $\approx 21\ cm = 2 \cdot 20^2\ mm$. Die andere *Seite* beträgt $\approx 30\ cm = 3 \cdot 10^2\ mm$. Daraus ergibt sich ein *Flächeninhalt* von $A_{Blatt} = 2 \cdot 10^2 \cdot 3 \cdot 10^2 = 6 \cdot 10^4\ mm^2$
   Anzahl der Punkte pro Blatt Papier: $\dfrac{6 \cdot 10^4}{4 \cdot 10^{-4}} = 1.5 \cdot 10^8$ Punkte
   Gesamtzahl der Punkte (auf 45 **Seite Papier):** $1.5 \cdot 10^8 \cdot 45 \approx 7 \cdot 10^9$ Punkte pro Minute
   Punktanzahl pro Sekunde: $\dfrac{7 \cdot 10^9}{60} \approx 10^8$

6. CCD
   Was versteht man unter einem CCD? Was bedeutet die Abkürzung? Wie erfolgt der Auslesevorgang? Schätzen Sie den Bitfluss pro Sekunde ab, wenn eine Digitalkamera 30 Bilder pro Sekunde mit einer Auflösung von 9 Megapixel schafft.
   CCD steht für "Charge-coupled Device" und darunter wurd ein elektronisches Bauelement verstanden und zwar der CCD-Sensor für lichtempfindliche elektronische Bilaufnahmeelemente, wie sie in Digitalkameras verwendet werden.
   Auslesevorgang: Das einfallende Licht überträgt durch den inneren photoelektrischen Effekt seine Energie auf die Elektronen des Halbleiters. Dabei entstehen gleichzeitig freie Elektronen (negativ) und positiv geladene Löcher, die sich aufgrund einer angelegten Spannung voneinander trennen. Die Ladungen fließen jedoch nicht sofort nach außen ab, wie bei einer Fotodiode, sondern werden in der Speicherzelle selbst, in einem sogenannten Potentialtopf gesammelt, der wie ein Kondensator Ladungen speichert. Deren Menge ist dabei proportional zur eingestrahlten Lichtmenge, wenn rechtzeitig ausgelesen wird, bevor die Leerlaufspannung der Fotodiode erreicht ist. Nach der Belichtung werden die Ladungen ähnlich einer Eimerkette schrittweise verschoben, bis sie schließlich als Ladungspakete, eines nach dem anderen, den Ausleseverstärker erreichen. Es wird eine von der Ladung und somit der Lichtmenge abhängige elektrische Spannung ausgegeben.

   Abschätzung:
   9 Megapixel $= 9 \cdot 10^6$ Punkte
   Wir haben 30 Bilder $\Rightarrow 30 \cdot 9 \cdot 10^6 = 3 \cdot 9 \cdot 10^7 = 27 \cdot 10^7$ Punkte/Sekunde

1.13 Einheit am 20.01.2014

Zeitungsartikel über Experiment: Pflanze wurde wegen Wasser aus der Mikrowelle kaputt. Was kann da der Grund sein? - Die Gießkanne wurde miterhitzt und so haben sich Giftstoffe im Wasser gelöst . Das wird der Grund für das Absterben der Pflanze sein.
Besprechung der Aufgaben zu "Physik und Alltagstechnik" $\rightarrow$ siehe 13.01.2014

1.14 Einheit am 27.01.2014

War nicht anwesend

2 Fermi-Rechnungen

2.1 Wie viel Meter Papier befinden sich ungefähr auf einer Toilettenpapierrolle?

Es gilt: 300 Blatt pro Rolle, 3-lagig, Blattlänge 10 cm
$10\ cm \cdot 300\ Blatt \cdot 3\ Lagen = 9000\ cm = 90\ m$

2.2 Wie lang ist der Streifen, wenn man eine Zahnpastatube ausdrückt?

Volumen: $100\ ml = 0.1\ l = 100\ cm^3$
Radius: $4\ mm = 0.4\ cm$
$V = r^2 \pi h$, da ein Zylinder
$h = \frac{100\ cm^3}{\pi \cdot 0.4^2} \approx \frac{100}{3 \cdot 0.2} \approx 170\ cm = 1.7\ m$

2.3 Wieviele Ameisen gibt es auf der Welt?

Garten: 100 Ameisen pro m^2
Wald: 300 Ameisen pro m^2
Wieviel Oberfläche gibt es auf der Welt, auf der soviele Ameisen leben können?
Die Oberfläche einer Kugel ist $4\pi r^2$. Der Erdradius ist etwa $6370\ km \approx 6 \cdot 10^3\ km.$
$O_{Erde} = (6 \cdot 10^3\ km)^2 \cdot 4\pi \approx 40 \cdot 10^6\ km^2 \cdot 12 \approx 5 \cdot 10^8\ km^2$
70% der Erde sind von Wasser bedeckt, ein Teil sind Wüsten, wo die Zahl der Ameisen, sicher klein ist, vereiste Pole, Beton etc. Angenommen 10% der Erdoberfläche sind für Ameisen bewohnbar.
Das gibt dann $5 \cdot 10^7 km^2$, wobei $1\ km^2 = 1 \cdot 10^6\ m^2$
Die bewohnbare Fläche für Ameisen ist also: $5 \cdot 10^7\ km^2 \cdot 1 \cdot 10^6 \frac{m^2}{km^2} = 5 \cdot 10^{13}\ m^2$
Auf jedem davon leben 300 Ameisen: $5 \cdot 10^{13}\ m^2 \cdot 3 \cdot 10^2 \frac{Ameisen}{m^2} = 15 \cdot 10^{15} \approx 2 \cdot 10^{16}\ Ameisen$

3 Bilder mit physikalischem Kontext

3.1 Interferenzerscheinung auf Ölfilm

Abbildung 3: Interferenz auf dünnem Ölfilm auf Wasser (http://de.wikipedia.org/wiki/Datei:Dieselrainbow.jpg)

Reflexion (lat. reflectere = zurückbeugen, drehen) bezeichnet das Zurückwerfen von Wellen an einer Grenzfläche, an der sich der Wellenwiderstand oder der Brechungsindex des Mediums ändert.
Bei glatten Oberflächen gilt das *Reflexionsgesetz*, man spricht also von einer gerichteten Reflexion.

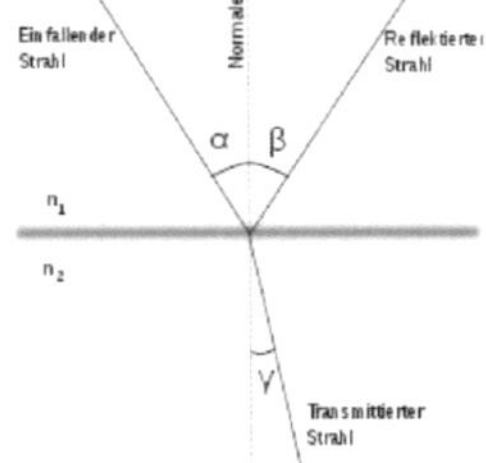

Abbildung 4: Reflexionsgesetz

(https://upload.wikimedia.org/wikipedia/commons/thumb/2/2e/Reflexion.svg/220px-Reflexion.svg.png)

An rauen Oberflächen werden Wellen bzw. Strahlung diffus gestreut und gehorcht näherungsweise dem *lambertschen Strahlungsgesetz*.

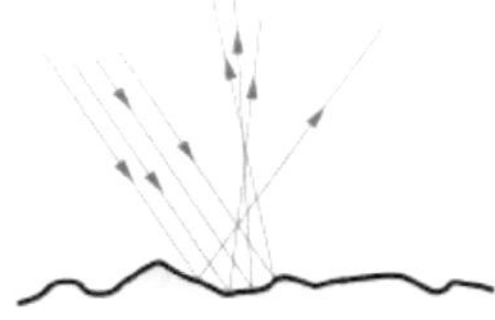

Abbildung 5: Diffuse Reflexion (http://upload.wikimedia.org/wikipedia/commons/thumb/6/6e/Difracao.svg/625px-Difracao.svg.png)

Bei der Reflexion wird nur ein Teil der Energie der einfallenden Welle reflektiert. In diesem Zusammenhang spricht man von *partieller Reflexion*. Der restliche Anteil der Welle breitet sich im zweiten Medium weiter aus (= *Transmission*), aber durch den geänderten Wellenwiderstand erfährt die Welle dabei eine Richtungs- und Geschwindigkeitsänderuung. Der Brechungswinkel lässt sich mit dem *snelliusschen Brechungsgesetz* $n_1 \sin(\delta_1) = n_2 \sin(\delta_2)$ berechnen.

Der Spezialfall der Reflexion ist die *Totalreflexion*, bei der die Welle beim Einfall auf ein Medium mit niedrigerem Wellenwiderstand völlig an der Grenzfläche reflektiert wird.

Abbildung 6: Doppelte Titalreflexion

aus: `http://de.wikipedia.org/wiki/Reflexion_%28Physik%29` (15.01.2014)

Interferenz beschreibt die Überlagerung von zwei oder mehreren Wellen nach dem *Superpositionsprinzip*, also die Addition ihrer Auslenkungen während ihrer Durchdringung. Interferenz tritt bei allen Wellenarten auf, also bei Schall-, Licht-, Materiewellen, etc.
Löschen sich die Wellen dabei gegenseitig aus, so handelt es sich um *destruktive Interferenz*. Verstärken sich hingegen die Amplituden, so spricht man von *konstruktiver Interferenz*. Das Muster aus Stellen konstruktiver und destruktiver Interferenz bezeichnet man als *Interferenzmuster*.

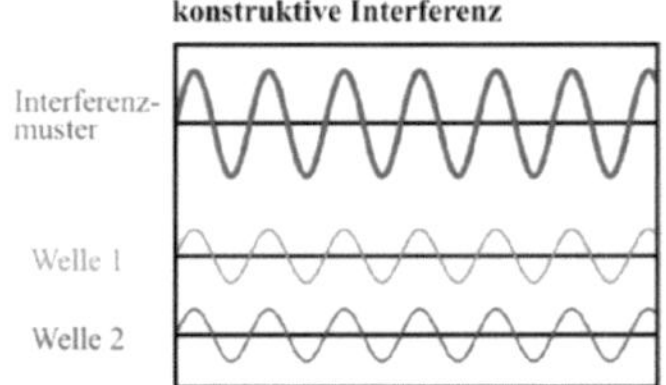

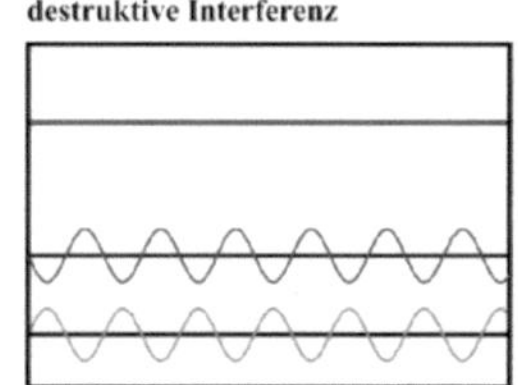

Abbildung 7: Konstruktive und destruktive Interferenz (http://geusschool.de/lct/L428/images/Interferenz1_sinus_jkrieger.png)

Um die Interferenz durch ein Experiment zu zeigen, eignet sich der *Doppelspaltversuch*, der als Nachweis für die Wellennatur der untersuchten Strahlungen geeignet ist.

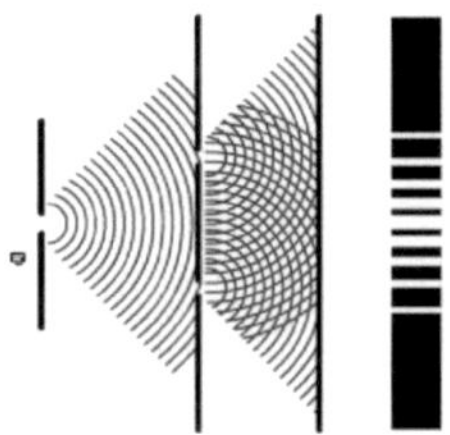

Abbildung 8: Doppelspaltversuch
(http://www.univie.ac.at/mikroskopie/1_grundlagen/optik/wellenoptik/5c_doppelspalt.htm)

Interferenzfarben: Weißes Licht, welches an dünnen Schichten optisch transparenter Materialien (z.B. Ã–lfilm auf Wasser, dünne Oxidschicht auf Metallen, Seifenblasen) reflektiert wird, erscheint häufig farbig. Dabei interferiert das Licht, das an der oberen und unteren Grenzfläche der dünnen Schicht reflektiert wird. Richtungsabhängig wird dann das Licht einer bestimmten Wellenlänge ausgelöscht und es bleibt nur die Komplementärfarbe zum ausgelöschten Licht übrig.

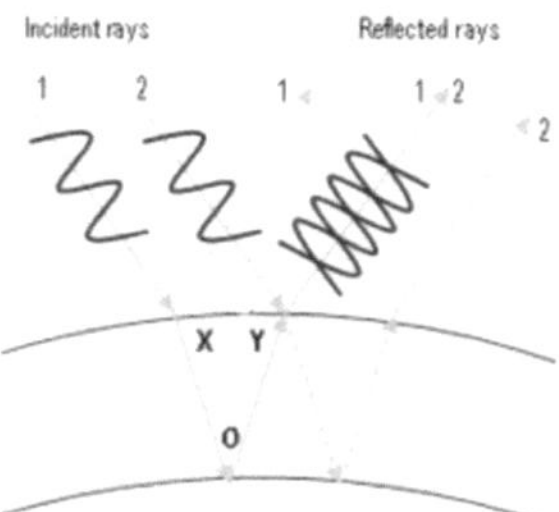

Abbildung 9: Schemazeichung zur Entstehung von Interferenzfarben (http://upload.wikimedia.org/wikipedia/commons/8/83/Bubble_interference_%28blue%29.png)

Ein bekanntes Beispiel für das Auftreten von Interferenzfarben an zwei eng benachbarten Oberflächen sind die *Newtonschen Ringe*. Hierbei liegt eine Sammellinse mit großer Brennweite auf einer ebenen Glasplatte auf. Um den Berührungspunkt herum entsteht zwischen den Glasoberflächen ein Spalt mit langsam nach außen hin zunehmender Dicke. Wird diese Anordnung mit monochromatischem Licht von oben beleuchtet, treten sowohl in Reflexion als auch in Durchsicht konzentrische helle und dunkle Ringe rund um den Berührungspunkt von Linse und Glasplatte auf. Wird die Versuchsanordnung mit weißem Licht ausgeleuchtet, dann entstehen farbige, konzentrische Ringe. Die Breite der Ringe und die Intensität ihrer Farben nimmt mit zunehmendem Radius ab.

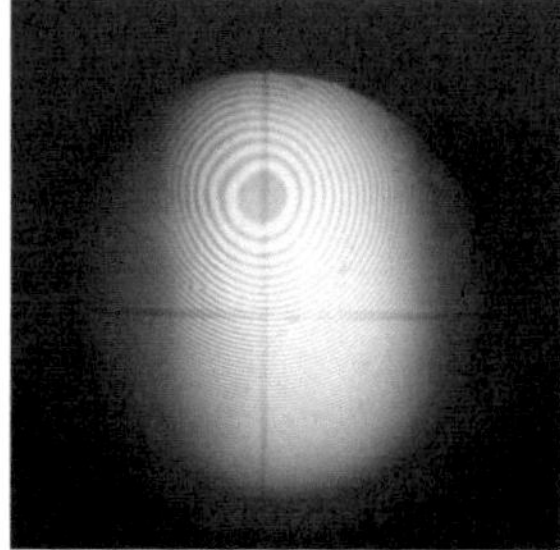

Abbildung 10: Newtonringe zwischen einer schwachen Linse und einer Planplatte, beleuchtet durch das Licht einer Natriumdampflampe

(https://upload.wikimedia.org/wikipedia/commons/thumb/3/36/Newton-rings.jpg/220px-Newton-rings.jpg)

3.2 Groß-Klein-Raum - Optische Täuschung

Der **Ames-Raum** ist ein Raum, bei dem die Wände und Maße verzerrt sind, um verschiedene optische Täuschungen hervorzurufen. Dieser Raum basiert auf den Überlegungen von Hermann von Helmholtz und wurde vom US-amerikanischen Augenarzt und Psychologen Adelbert Ames im Jahr 1946 entwickelt.
Von einem bestimmten, vorgegebenen Blickpunkt aus wirkt der Ames-Raum wie ein gewöhnliches Zimmer, bei dem die Wände zueinander sowie zu Boden und Decke rechtwinklig stehen. In Wirklichkeit ist der Raum jedoch trapezförmig verzerrt. Dem Betrachter wird die gegenüberliegende Wand parallel erscheinen, tatsächlich ist aber eine der beiden Ecken weiter entfernt als die andere.
Stellt sich nun ein Besucher in den Raum, erscheint er in einer Ecke kleiner als in der anderen. Bewegt man sich im Ames-Raum von der näher am Betrachter gelegenen Ecke zu der weiter entfernten, so hat der Betrachter den Eindruck, man schrumpfe, während man sich, so scheint es, parallel zu seinen Augen bewegt. Geht man zurück sieht es so aus als würde man mit jedem Schritt größer.

aus: `http://www.expi.at/expiweb/index.php?q=de/node/72` (15.01.2014)

Eine **optische Täuschung** oder auch visuelle Illusion ist eine Wahrnehmungstäuschung des Gesichtssinns.
Optische Täuschungen können nahezu alle Aspekte des Sehens betreffen. Es gibt Tiefenillusionen, Farbillusionen, geometrische Illusionen, Bewegungsillusionen und viele mehr. In all diesen Fällen scheint das Sehsystem falsche Annahmen über die Natur des Sehreizes zu treffen, wie sich unter Zuhilfenahme weiterer Sinne oder durch Entfernen der auslösenden Faktoren zeigen lässt.
Optische Täuschungen werden in der Wahrnehmungspsychologie untersucht, da aus ihnen Rückschlüsse über die Verarbeitung von Sinnesreizen im Gehirn gewonnen werden können. Optische Täuschungen beruhen auf der Tatsache, dass die Wahrnehmung subjektiv ist und vom Gehirn beeinflusst wird. Systematisch produziert und analysiert werden optische Täuschungen in der Gestaltpsychologie.

aus: `http://de.wikipedia.org/wiki/Optische_T%C3%A4uschung` (15.01.2014)

3.3 Wärmestrahlung - Wärmebild

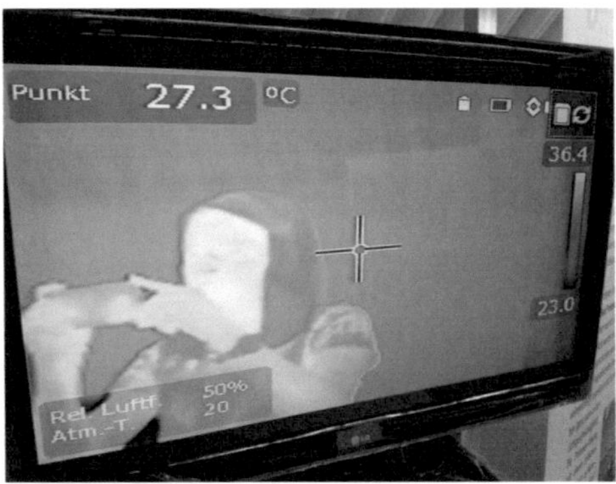

Abbildung 11: Wärmebildkamera

Wärmestrahlung, auch thermische Strahlung oder Temperaturstrahlung genannt, ist die elektromagnetische Strahlung, die Materie (Festkörper, Flüssigkeiten, etc.) auf Grund ihrer Temperatur aussendet. Das *plancksche Strahlungsgesetz* beschreibt die Abhängigkeit der Wellenlänge der Strahldichte, die bei gegebener Temperatur maximal erreichbar ist.

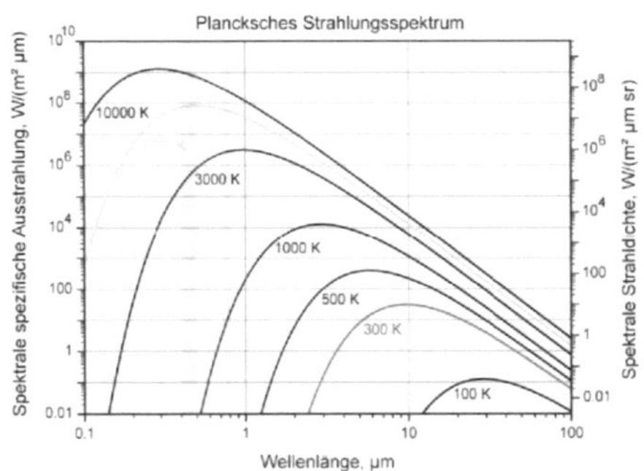

Abbildung 12: Planck'sches Strahlungsspektrum
(https://de.wikipedia.org/wiki/Planckscher_Strahlungsgesetz#/media/File:BlackbodySpectrum_loglog_150dpi_de.png)

Bei üblichen Temperaturen liegt das Strahlungsmaximum im infraroten Bereich, dehalb wird umgangssprachlich meist unter Wärmestrahlung nur infrarote Strahlung verstanden, die nicht sichtbar ist. Mit steigender Temperatur verschiebt sich jedoch das Strahlungsmaximum der Wellenlänge zu kürzeren Wellenlängen, z.B. beim Sonnenlicht in den sichtbaren Bereich und mit Ausläufern bis in den UV-Bereich.
Wärmestrahlung ist neben *Konvektion* und *Wärmeleitung* ein Weg zur Übertragung thermischer Energie, aber im Vakuum ist Wärmestrahlung das einzige.

Wärmestrahlung des Menschen: Der menschliche Körper strahlt einen großen Teil der durch die Nahrung aufgenommenen Energie durch thermische Strahlung, hier im Wesentlichen infrarotes Licht, wieder ab. Durch infrarotes Licht kann auch Energie aufgenommen werden, z.B. in der Nähe eines Lagerfeuers/Kamins etc.
Die Differenz zwischen emittierter und absorbierter Wärmestrahlung kann auch mit dem *Stefan-Boltzmann-Gesetz*

beschrieben werden:

$$P_{netto} = P_{emittiert} - P_{absorbiert} = A\sigma\varepsilon(T^4 - T_0^4)$$

Angenommen die Hauttemperatur liegt bei $33°C$, dann hat man an der Oberfläche der Kleidung nur mehr $28°C$. Bei einer Außentemperatur von $20°C$ entspricht das einem Strahlungsverlust von $P_{netto} = 100\ W!$.
Wenn die mittlere Wellenlänge der abgestrahlten IR-Strahlung mit dem *Wienschen Verschiebungsgesetzes* berechnet wird, erhält man als Maximum der Wellenlänge $\lambda_{peak} = 9.5\ \mu m$.

Wärmebildkameras sind aus diesem Grund im Bereich $7 - 14\ \mu m$ besonders empfindlich.

Infrarotstrahlung oder IR-Strahlung bezeichnet den Spektralbereich zwischen $10^{-3}\ m$ und $7.8 \cdot 10^{-7}\ m$, also zwischen $1\ mm$ und $780\ nm$.

aus: `http://de.wikipedia.org/wiki/W%C3%A4rmestrahlung` (15.01.2014)

Literatur

[Video: Physikalische Küche mit Werner Gruber] `http://www.youtube.com/watch?v=6jvMmJ2BgcI`, (30.10.2013)

[Kulinarische Physik] `http://kochen.exp.univie.ac.at/Herde.html`, (15.01.2014)

[Video: Nutella Werbung - Was ist Lichtgeschwindigkeit?] `http://www.youtube.com/watch?v=kPR8bM3yGJY` (30.10.2013)

[Video: Weinflasche mit Schuh öffnen] `http://www.youtube.com/watch?v=7MpABcvx_os` (30.10.2013)

[Text: Über Wasser gehen?] `http://www.physikblog.eu/2009/06/23/willkommen-aachen/` (30.10.2013)

[Text: Die seltsame Physik Hollywoods] `http://www.sueddeutsche.de/wissen/weltraum-thriller-gravity-die-seltsame-physik-hollywoods-1.1797576` (30.10.2013)

[Text: Weltende am 21.12.2012] `http://derstandard.at/1326249044001/Unglaublich-viel-Bloedsinn-Weltende-am-21122012-Astrophysiker-zerpflueckt-Endze:` (30.10.2013)

[Text: Rechnungen, die die Welt veränderten] `http://diepresse.com/home/meinung/quergeschrieben/rudolftaschner/684897/Rechnungen-die-die-Welt-veraenderten-Beisp Mathematik-und` (30.10.2013)